四川省工程建设地方标准

建筑用能合同能源管理技术规程

DBJ51/T 034 – 2014

Technical code for energy performance contracting of building energy consumption system

主编单位：西 南 交 通 大 学
批准部门：四川省住房和城乡建设厅
施行日期：2015 年 2 月 1 日

西南交通大学

2015 成 都

图书在版编目（CIP）数据
建筑用能合同能源管理技术规程 / 西南交通大学主编. —成都：西南交通大学出版社，2015.1
（四川省工程建设地方标准）
ISBN 978-7-5643-3700-1

Ⅰ. ①建… Ⅱ. ①西… Ⅲ. ①建筑－节能－管理－技术规范 Ⅳ. ①TU111.4-65
中国版本图书馆 CIP 数据核字（2015）第 016769 号

四川省工程建设地方标准
建筑用能合同能源管理技术规程
主编单位 西南交通大学

责任编辑	胡晗欣
封面设计	原谋书装
出版发行	西南交通大学出版社 （四川省成都市金牛区交大路 146 号）
发行部电话	028-87600564 028-87600533
邮政编码	610031
网址	http: //www.xnjdcbs.com
印刷	成都蜀通印务有限责任公司
成品尺寸	140 mm × 203 mm
印张	2.5
字数	62 千字
版次	2015 年 1 月第 1 版
印次	2015 年 1 月第 1 次
书号	ISBN 978-7-5643-3700-1
定价	26.00 元

各地新华书店、建筑书店经销
图书如有印装质量问题 本社负责退换

关于发布四川省工程建设地方标准《建筑用能合同能源管理技术规程》的通知

川建标发〔2014〕625号

各市州及扩权试点县住房城乡建设行政主管部门，各有关单位：

由西南交通大学主编的《建筑用能合同能源管理技术规程》，已经我厅组织专家审查通过，现批准为四川省推荐性工程建设地方标准，编号为：DBJ51/T 034－2014，自2015年2月1日起在全省实施。

该标准由四川省住房和城乡建设厅负责管理，西南交通大学负责技术内容解释。

四川省住房和城乡建设厅

2014年11月25日

前　言

根据四川省住房和城乡建设厅《关于下达四川省工程建设地方标准〈建筑用能合同能源管理技术规程〉编制计划的通知》（川建标〔2012〕153号）的要求，编制组经广泛调查研究，认真总结经验，参考有关国际标准和国外先进技术经验，并在广泛征求意见的基础上，制定了本规程。

本规程共分6章和2个附录，主要技术内容包括：总则，术语，基本规定，用能状况诊断、评价及节能方案设计，合同能源管理项目的实施和节能量认定。

本规程由四川省住房和城乡建设厅负责管理，由西南交通大学负责具体技术内容的解释。执行过程中如有意见和建议，请寄送西南交通大学（地址：四川省成都市金牛区二环路北一段111号；邮政编码：610031；邮箱：ypyuan@home.swjtu.edu.cn）。

本规程主编单位：西南交通大学

本规程参编单位：重庆大学

中国建筑西南设计研究院有限公司

四川建筑职业技术学院

四川新玛能源科技有限公司

四川天苏电器有限公司

广西建工集团第三建筑工程有限责任公司

本规程主要起草人员：袁艳平　肖益民　孙亮亮　毛　辉
杨　玲　曹晓玲　余南阳　雷　波
陈　坚　胡定奎　刁荣长　张文婷
梁德初　赖溯欣　杨晓娇

本规程主要审查人：冯　雅　于　忠　唐　明　刘小舟
王　洪　蓝　天　向　勇

目　次

Contents

1 总 则

1.0.1 为加快推进建筑用能合同能源管理，规范建筑节能服务市场，建立建筑节能服务体系，制定本规程。

1.0.2 本规程适用于四川省建筑用能系统的合同能源管理。

1.0.3 合同能源管理项目的实施除应符合本规程外，尚应符合国家现行有关标准的规定。

2 术 语

2.0.1 合同能源管理 energy performance contracting

节能服务公司与用能单位以契约形式约定节能项目的节能目标，节能服务公司为实现节能目标向用能单位提供必要的服务，用能单位以节能效益支付节能服务公司的投入及其合理利润的节能服务机制。

2.0.2 合同能源管理项目 energy performance contracting project

以合同能源管理机制实施的节能项目。

2.0.3 节能效益分享型 energy-saving benefit sharing

合同能源管理项目的投入和风险由节能服务公司承担，业主与节能服务公司在合同期内按照约定比例分享节能收益的一种节能效益分享方式。

2.0.4 节能量保证型 energy-saving guarantee

合同能源管理项目资金由业主提供，节能服务公司仅提供技术服务，并且保证节能量，若达到合同约定的节能量时，业主向节能服务公司支付相关服务费用的一种节能效益分享方式。

2.0.5 能源费用托管型 energy costs hosting

由业主委托节能服务公司进行能源系统的运行管理和节能改造，并按照合同约定将全部或者部分节省的能源费用作为能源托管费支付给节能服务公司的一种节能效益分享方式。

2.0.6 融资租赁型 financing lease

业主或者节能服务公司通过融资方式租赁与节能改造项目相关的节能设备，合同期满节能服务公司收回项目改造的投资和收益后，节能设备归业主所有的一种节能效益分享方式。

2.0.7 分项能耗计量 clausal metering of energy consumption

根据建筑消耗的各类能源的主要用途分类（如空调用电、动力用电、照明用电等）进行能耗数据的采集和整理。

2.0.8 节能监测 monitoring of energy saving

依据国家有关节约能源的法规（或行业、地方规定）和能源标准，对用能单位的能源利用状况进行的监督、检查、测试和评价。

2.0.9 综合节能监测 comprehensive monitoring of energy saving

对用能单位整体的能源利用状况进行的节能监测。

2.0.10 单项节能监测 monomial item monitoring of energy saving

对用能单位部分项目的能源利用状况进行的节能监测。

2.0.11 基期 baseline period

在执行节能改造前或者不实施建筑节能时，能够代表用能设备或系统运行规律的时间段。

2.0.12 统计报告期 reporting period

各项节能措施完成且项目正常稳定运行时，能够代表用能设备或系统运行规律的时间段。

2.0.13 基期能耗 energy consumption in baseline period

基期内，项目用能单位、设备和系统的能源消耗量。

2.0.14 统计报告期能耗 energy consumption in reporting period

统计报告期内，项目用能单位、设备和系统的能源消耗量。

2.0.15 标准工况 standard condition

合同能源管理项目的合同中约定的项目运行工况，一般为统计报告期的运行工况。

2.0.16 调整量 adjustive energy consumption

由于基期能耗和统计报告期能耗的运行工况不同而对基期能耗进行的修正量。

2.0.17 有效基期能耗 effective baseline energy consumption

根据基期能源消耗状况和统计报告期运行工况推算得到的，项目边界内用能单位、设备和系统不采用节能改造措施时的能源消耗量。

2.0.18 综合服务系统 comprehensive services system

除照明及供配电系统、供暖系统、空调通风系统、给排水系统、室内设备之外的其他常规耗能系统，包括电梯系统、热水加热系统等。

3 基本规定

3.0.1 既有民用建筑在实行合同能源管理时应遵循本规程的相关规定。

3.0.2 运用合同能源管理提高建筑能源利用效率的同时必须保证室内环境质量符合相关标准的规定。

3.0.3 建筑用能系统应进行分项能耗计量，分项计量装置应符合相关标准的规定。

3.0.4 合同能源管理项目的实施应不影响建筑的正常使用。

3.0.5 合同能源管理项目的节能改造工程应在施工完成后进行验收，其验收应根据改造内容采用相关验收标准。

4 用能状况诊断、评价及节能方案设计

4.1 一般规定

4.1.1 实施合同能源管理的项目应首先对项目进行用能状况诊断及评估，并根据用能状况诊断报告确定合理可行的节能方案。

4.1.2 建筑用能状况诊断宜采用现场调查与资料收集、测试与数据计算、分析与判断等方法和步骤进行。

4.1.3 建筑用能状况诊断的主要对象应包括建筑总体能源服务状况和能源消耗状况、照明及供配电系统、供暖系统、空调通风系统等建筑用能系统或用能环节。

4.1.4 业主为建筑用能状况诊断提供的资料宜包括建筑物的全套竣工图和改造记录、用能系统主要设备的技术资料、运行管理数据、运行以来各类能源和资源消耗及费用清单。

4.1.5 可采用建筑“单位面积耗能量”指标，与其所在地区、功能、使用情况相近的建筑相比较，初步衡量目标建筑整体的能耗水平与节能潜力。

4.1.6 建筑设备系统的划分与用能状况诊断的指标宜按附录A确定。

4.1.7 应按照国家相关标准要求出具用能状况诊断及评价报告。

4.2 照明及供配电系统用能诊断与评价

4.2.1 应对主要场所的照度水平进行测试，调查使用者对照明环境的评价，并根据有关国家标准判断其合理性。

4.2.2 应对建筑物使用的光源情况进行分类统计，计算各类房间的单位面积照明功率密度值，并根据有关国家标准判断其合理性。

4.2.3 应调查建筑各场所当前的照明灯具控制方式和使用时间、光源配置情况，分别计算各场所更换节能灯具可获得的全年节能量。

4.2.4 应对典型工况下供配电系统的运行电压、负载率和功率因数进行测试，并根据有关国家标准判断其是否节能。

4.2.5 三相配电干线的各相负荷宜分配平衡，其最大相负荷不宜超过三相负荷平均值的 115%，最小相负荷不宜小于三相负荷平均值的 85%。

4.3 供暖系统用能诊断与评价

4.3.1 供暖系统用能诊断的指标宜按附录 A 确定。

4.3.2 应测试建筑物主要场所在供暖状况下的室内空气参数，同时调查使用者对热湿环境及质量的评价，根据国家有关标准判断其合理性。

4.3.3 宜根据调查获得的建筑物实际情况，通过全年动态计算，获得供暖系统的全年逐时负荷，并与实际的供暖负荷状况进行对比，判断供暖系统实际负荷需求的合理性。

4.3.4 应对建筑物在典型运行工况下的供暖系统能效状况进行测试，测试指标参数及能效指标的计算可参照附录A进行。

4.3.5 应根据国家关于锅炉、热泵机组、换热机组等设备的现行能效限定值及能源效率等级的有关标准，对上述设备的运行能源效率及节能潜力进行评价。

4.3.6 应根据《公共建筑节能改造技术规范》JGJ 176或参照当前供暖节能技术的能效水平，结合测试结果评价热源系统及热量输配系统的节能潜力。

4.4 空调通风系统用能诊断与评价

4.4.1 空调通风系统用能诊断的指标宜按附录A确定。

4.4.2 应测试建筑物主要场所在空调系统典型运行工况下的室内空气参数，同时调查使用者对热湿环境及质量的评价，根据国家相关标准判断是否合理。

4.4.3 宜根据调查获得的建筑物实际情况，通过全年动态计算，获得空调通风系统的全年逐时负荷，并与实际的负荷状况进行对比，判断空调通风系统实际负荷需求的合理性。

4.4.4 应对建筑物在典型运行工况下的空调通风系统能效状况进行测试，测试指标参数及能效指标的计算可参照附录A。

4.4.5 应根据国家关于各种冷水机组、水泵和风机等设备的现行能效限定值及能源效率等级的有关标准，对上述设备的运行能源效率及节能潜力进行评价。

4.4.6 应根据《公共建筑节能改造技术规范》JGJ 176、《空气调节系统经济运行》GB/T 17981或参照当前空调通风节能技术的能效水平，结合测试结果评价冷热源系统及输配系统的节能潜力。

4.5 室内设备用能诊断与评价

4.5.1 应调查建筑物主要场所的室内用能设备的种类、数量、功率和使用规律。

4.5.2 室内用能设备的年能耗量可根据调查获得的数据计算，或按照总能耗的分项拆分方法计算。

4.5.3 应根据室内用能设备的种类，对照国家现行的相关设备能效标准，判定其节能性。

4.5.4 应分类计算室内用能设备的年节能量。

4.5.5 应计算合理控制设备的使用时间所获得的年节能量。

4.5.6 应调查各类室内用电设备的待机功率、待机时间，并计算待机耗电量。

4.6 建筑用水及给排水系统用能诊断与评价

4.6.1 应对建筑的各种用水量进行逐月统计，分析调查建筑物各类用水器具的配置和实际使用情况，并根据相关国家标准或同类建筑物的人均水耗指标，判断用水量需求的合理性，查找用水量超标的原因，并计算各类用水的节水潜力。

4.6.2 应调查建筑物内二次加压生活水泵的配置和用能情况，计算单位立方米供水量的耗电量，与同类建筑物供水泵耗电量进行对比，判断其用能的合理性。

4.6.3 应调查建筑物内洗浴热水设备的单位人员每月耗气（或耗油、耗电）量，与同类建筑物对比，判断其用能的合理性。

4.7 综合服务系统用能诊断与评价

4.7.1 可根据建筑用能分项拆分等方法估算电梯系统、热水加热系统等综合服务系统的能耗，并结合调查获得的建筑使用情况，判断综合服务系统的用能合理性与节能潜力。

4.8 节能方案设计

4.8.1 应根据节能诊断的结果，经技术经济比较，并考虑可操作性，确定合理可行的节能方案。节能方案主要包括：

1 结合建筑物具体情况，对现有系统进行运行调试，使其达到节能运行。

2 对节能潜力大的用能系统和设备进行节能改造。

3 建筑用能系统运行过程的节能管理。

4.8.2 建筑用能系统的节能改造方案可参考《公共建筑节能改造技术规范》JGJ 176 制定。

5 合同能源管理项目的实施

5.1 一般规定

5.1.1 合同能源管理项目的专项施工及验收应符合现行国家及地方标准的规定。

5.1.2 照明及供配电系统的施工应在满足用电安全和功能要求的前提下进行，并应采用高效节能的产品和技术。改造期间应有保障临时供电的技术措施。

5.1.3 供暖系统和空调通风系统的施工应充分考虑改造区域施工过程对未改造区域使用功能的影响。对冷热源系统、输配系统、末端系统进行改造时，各系统的配置应互相匹配。

5.1.4 室内设备及综合服务系统的施工应在满足安全和使用要求的前提下进行。

5.2 能源合同的编制

5.2.1 能源合同包括节能效益分享型、节能量保证型、能源费用托管型、融资租赁型等类型。

5.2.2 合同应符合《中华人民共和国合同法》及其他相关法律法规的规定，合同样本参见附录 B。

5.2.3 合同应包括项目的内容、项目的实施与验收、节能效益分享方式和双方的权利与义务等主要内容。

5.2.4 项目的内容应根据用能诊断结果、节能潜力、节能效益、投资回收等因素综合确定。

5.2.5 节能效益分享应包括节能量的约定、节能收益的确定和支付等内容。

5.3 项目的施工

5.3.1 建设单位组织设计人员、施工单位进行图纸会审，做好图纸会审纪要及签字。

5.3.2 施工单位应根据项目方案、设计图纸以及建筑物现状，编制具体专项施工技术方案，对施工人员进行技术交底，并应按相关施工技术标准做好安全防护措施。

5.3.3 施工单位应对建筑物原有各系统的设备及管道安装等情况进行详细的调查，尽量利用已有的设备基础、管道沟（井）及土建预留孔洞。

5.3.4 应根据施工方案制订切实可行的原材料及设备采购计划、签订采购合同，做好设备开箱检查及验收。

5.3.5 施工单位应及时按照合同约定进行设备的维护及操作培训工作。

6 节能量认定

6.1 一般规定

6.1.1 合同能源管理项目施工完成后应进行节能量认定，节能量的认定应遵循公正合理的原则。

6.1.2 节能量认定应交予具有国家或地方认可的测评机构。

6.1.3 节能量认定应根据项目实际情况合理选择认定方案。

6.1.4 节能量认定应明确项目实施前和实施后的能源利用状况。

6.1.5 节能量认定宜按下列步骤进行：

1 了解项目概况和划定项目边界；

2 选择节能量认定方案；

3 确定基期能耗；

4 节能监测和确定统计报告期能耗；

5 确定调整量以得出有效基期能耗；

6 计算节能量。

6.1.6 节能量认定时应对用能系统进行节能监测。

6.1.7 节能监测应按照合同中约定的监测方法进行监测，并符合《节能监测技术通则》GB/T 15316 的有关规定。

6.1.8 节能监测所用仪表应能满足监测项目的要求，需经国家法定单位进行标定，并在标定有效期内，其精度应满足被监测量的精度要求。

6.1.9 节能监测应在用能系统正常、稳定的状态下进行，监测的时间应满足国家相关标准的要求。

6.2 节能量的计算

6.2.1 应对节能改造前后建筑有关能耗数据资料进行记录，包括建筑基本信息、建筑用能情况记录、相关设备运行记录、能源费用账单等。

6.2.2 每月能源费用账单的计费时间若不统一，应按下式进行折算：

$$\text{每月能源费用账单计费时间}=\text{公历月的天数}/\text{当月实际计费的天数}\times\text{在实际计费时间内的能耗值} \quad (6.2.2)$$

6.2.3 目标建筑有分项能耗计量装置，可根据分项计量结果计算各个系统的节能量。

6.2.4 目标建筑无分项能耗计量装置，主变配电支路有逐时的运行记录，且该支路对应某个耗能设备系统（不含其他系统），则应根据运行记录进行统计计算。

6.2.5 对无法单独计量能耗的其他设备子系统（供暖系统与空调通风系统除外），可实地测量典型周的能耗（至少应有逐日能耗值），得出工作日和非工作日的能耗，再根据统计得到的全年工作日天数和非工作日天数进行计算。

6.2.6 无法对子系统进行典型周能耗测量时，应测量工作日、非工作日各一个典型日子系统能耗的逐时值，积分计算出该子系统典型日的能耗，再计算出全年能耗。

6.2.7 根据供暖系统与空调通风系统运行的特点，进行能耗拆分时可根据不同设备区分，并分别对各个设备进行节能监测。

6.2.8 节能量应按下式计算：

$$E_j = E_e - E_c \tag{6.2.8-1}$$

$$E_e = E_b + E_t \tag{6.2.8-2}$$

式中 E_j——节能量；

E_e——有效基期能耗；

E_c——统计报告期能耗；

E_b——基期能耗；

E_t——调整量。

6.3 照明及供配电系统节能量监测与认定

6.3.1 照明系统节能量的认定应了解目标建筑的照明管理，比较项目实施前后的变化，确定基期能耗以及标准工况。

6.3.2 照明系统的能耗统计宜分区进行，每个区的统计项目应包括区域面积、灯具类型、灯具数量、功率、照度、运行时间以及调节方式。

6.3.3 项目实施期间应定期检查并统计正常运行的照明灯具数量。

6.3.4 照明系统的节能量认定宜采用隔离测量方案。

6.3.5 照明系统时间因素的调整量可按下式计算：

$$E_{tt,l}=\sum_{i=1}^{n}P_{i0}\left(t_i-t_{i0}\right) \tag{6.3.5}$$

式中 $E_{tt,l}$——照明系统时间因素的调整量；

P_{i0}——基期第 i 个区域的照明功率；

t_i——统计报告期第 i 个区域的照明时间；

t_{i0}——基期第 i 个区域的照明时间。

6.3.6 供配电系统节能量的认定应了解供配电线路和变压器的能耗因子，比较项目实施前后的变化，确定基期能耗和标准工况。

6.4 供暖系统节能量监测与认定

6.4.1 供暖系统节能量监测之前，应搜集合同能源管理项目实施前的供暖系统的相关能耗数据与相关设备运行记录。

6.4.2 目标建筑采用自备热源时，可根据运行记录或燃料费账单统计热源消耗的燃料量，热源消耗的电量可认为是恒定值，可用实测功率乘以运行时间得到。

6.4.3 目标建筑采用市政热力时，可采用以下两种方法进行节能量监测：

1 根据热量表读数计算耗热量。

2 在未安装热量表时，若换热器二次侧为定流量系统，且有二次水系统逐时进出口水温或温差的运行记录，则可通过实测二次水系统的流量来计算耗热量。

6.4.4 供暖系统气候因素的调整量应按以下公式计算：

$$E_{tm,h} = \left(\frac{HDD}{HDD_0} - 1\right) E_{bh} \quad (6.4.4)$$

式中 $E_{tm,h}$——供暖系统气候因素的调整量；

HDD——统计报告期对应的度日数；

HDD_0——基期对应的度日数；

E_{bh}——供暖系统的基期能耗。

6.5 空调通风系统节能量监测与认定

6.5.1 空调通风系统节能监测之前，应搜集项目实施前空调通风系统的相关能耗数据与相关设备运行记录。

6.5.2 制冷机组、空调机组、新风机组和冷却塔的全年能耗可采用以下三种方法进行监测：

1 若配有独立电表，则可以直接读取全年能耗；若整个空调通风系统配有独立电表，则可以通过对空调通风系统的全年总能耗进行拆分得到制冷机组（空调机组、新风机组和冷却塔）的全年能耗。

2 采用运行记录中的逐时功率，或根据运行记录中的制冷机组（空调机组、新风机组和冷却塔）的负载率和电流计算逐时功率，对全年运行时间进行积分得到全年能耗。

3 若无逐时功率或逐时负载率、电流数据时，可将制冷机组（空调机组、新风机组和冷却塔）的额定功率与其当量满负荷运行小时数相乘得到全年能耗。

6.5.3 水泵和风机的全年能耗可采用以下三种方法进行监测：

1 采用运行记录中的逐时功率，或根据运行记录中的逐时电流计算水泵（风机）的逐时功率，对全年运行时间进行积分得到全年能耗。

2 若无相关运行记录，全年能耗可按下列方法计算：

1）对定速运行或虽然采用变频但频率基本不变的水泵（风机），实测各水（风）系统中不同的启停组合（即分别开启1台，2台，…，*N*台）下水泵（风机）的单点功率，根据运行记录统计各启停组合实际出现的小时数，计算每种启停组合的全年电耗再相加。

2）对变频水泵（风机），实测各水（风）系统在不同启停组合下，工频时水泵（风机）的运行能耗，再根据逐时频率的运行记录计算逐时能耗，并对全年运行时间进行积分得到全年能耗。

3 在既无相关运行记录，也没有条件对设备耗电功率进行实测时，计算方法与方法2类似，只是用额定功率代替实测功率。此方法只适用于定流量水（风）系统。

6.5.4 风机盘管的节能量监测应考虑项目实施前后建筑物中各个区域风机盘管的数量和功率，并分别计算其运行时间。

6.5.5 分体空调的节能量监测应考虑项目实施前后建筑物中所有分体空调的数量和功率的变化，并计算其运行时间和平均负荷率。

6.5.6 空调通风系统气候因素的调整量应符合下列规定：

1 空调通风系统供冷工况气候因素的调整量应按下式计算：

$$E_{tm,c,c}=\left(\frac{ELH}{ELH_0}-1\right)E_{bc,c} \qquad (6.5.6-1)$$

式中 $E_{tm,c,c}$——供冷工况气候因素的调整量；

ELH——统计报告期对应的焓时数；

ELH_0——基期对应的焓时数；

$E_{bc,c}$——供冷工况的基期能耗。

2 空调通风系统供暖工况气候因素的调整量应按下式计算：

$$E_{tm,c,h}=\left(\frac{HDD}{HDD_0}-1\right)E_{bc,h} \qquad (6.5.6-2)$$

式中 $E_{tm,c,h}$——供暖工况气候的调整量；

HDD——统计报告期对应的度日数；

HDD_0——基期对应的度日数；

$E_{bc,h}$——供暖工况的基期能耗。

6.6 室内设备节能量监测与认定

6.6.1 室内设备的节能量认定应考虑项目实施前后室内设备种类、数量、功率和运行情况的变化，分析比较项目实施前后的耗电量。

6.6.2 室内设备的全年耗电量应由运行时的耗电量和待机时的耗电量相加得到。

6.7 建筑用水及给排水系统节能量监测与认定

6.7.1 水耗节能量监测主要针对生活用水和公共建筑的冷却塔用水。

6.7.2 搜集合同能源管理项目实施前目标建筑的用水量。

6.7.3 若无法搜集相关用水量资料，可将需改造的系统或设备隔离，安装流量计测量边界水流量，确定项目实施前的水耗。

6.7.4 建筑内二次加压生活水泵的全年耗电量可采用以下三种方法进行监测：

1 采用运行记录中的逐时功率，或根据运行记录中的逐时电流计算设备的逐时功率，对全年运行时间进行积分得到全年耗电量。

2 若无相关运行记录，则实测设备的单点功率，统计运行的小时数，两者相乘得到全年耗电量。

3 在既无相关运行记录，也没有条件对设备耗电功率进行实测时，计算方法与方法 2 类似，只是用额定功率代替实测功率。

6.8 综合服务系统节能量监测与认定

6.8.1 电梯系统的全年耗电量可采用下列三种方法进行监测：

1 若配有独立电表，则可以直接读取全年耗电量。

2 若无独立电表，可实地测量典型周的能耗（至少应有逐日能耗值），得出工作日和非工作日的能耗，再根据统计得到的全年工作日天数和非工作日天数进行计算。

3 若无独立电表，也没有条件对电梯耗电量进行实测，则全年耗电量可按下列方法计算得到：

1）曳引式电梯通过模拟其实际运行过程中的载荷情况，并对其不同载荷情况下的运行情况和所耗电量进行测试并记录，计算得到全年耗电量。

2）自动扶梯（或自动人行道）主要通过测量该自动扶梯（或自动人行道）在节能技术改造前后的运行功率与待机功率，并统计改造后的运行时间与待机时间，进行耗电量的计算。

6.8.2 热水加热系统的节能监测需记录所有热水加热设备的类型、型号、电力特性或燃料消耗特性和启停时间，并注明热水用途和每日用量。

附录A 建筑设备系统用能状况诊断指标体系

A.1 建筑设备系统划分及其能效诊断指标

表A.1 建筑设备系统划分及其能效诊断指标

系统名称	能效指标
集中空调系统	供冷（供暖）能效比
其他形式空调系统	单位服务面积耗电量
通风换气系统	单位风量耗功率
照明办公及其他房间用电系统	单位服务面积耗电量
卫生热水系统	单位供暖水量耗能量
生活给水系统	单位供水量耗能量
电梯系统	单位服务面积耗电量
其他用能系统	单位服务面积耗电量

A.2 集中空调系统划分与能效诊断指标

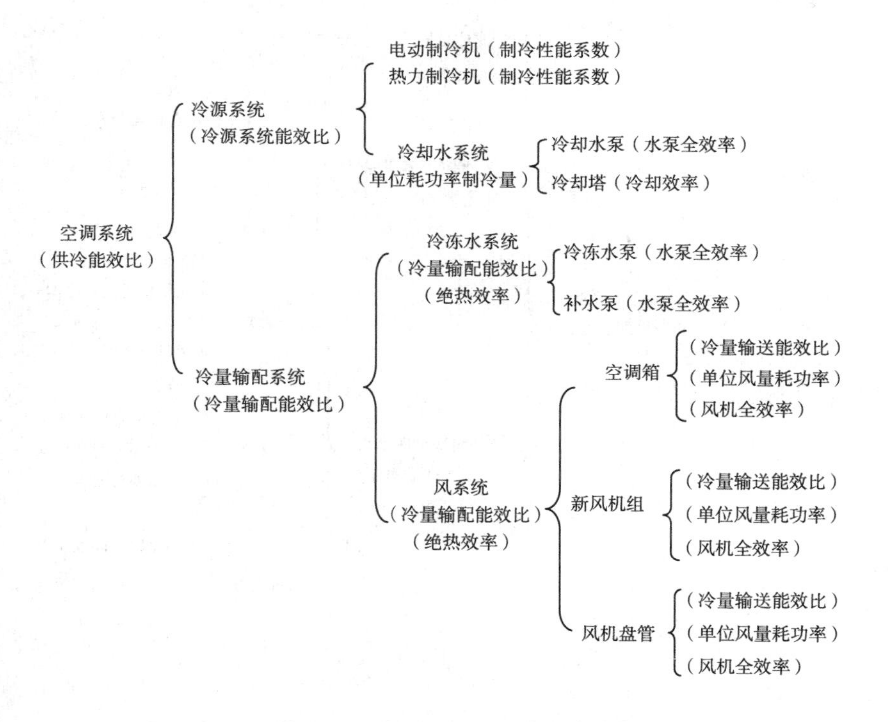

图 A.2-1 集中空调系统能效诊断指标体系（供冷工况）

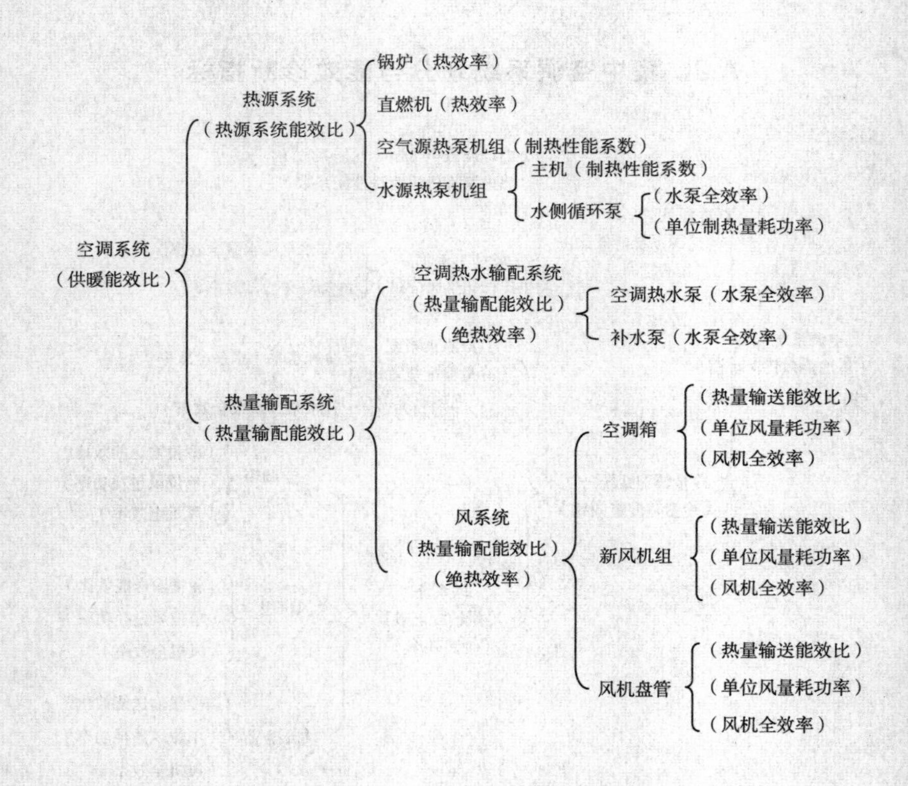

图 A.2-2 集中空调系统能效诊断指标体系（供暖工况）

A.3 能效诊断指标计算式

表 A.3 能效指标计算式

序号	指标名称	计算式
1	空调系统供冷能效比 ER_{sc}	$ER_{sc}=\dfrac{CL_c}{N_c+0.322Q_{cin}+N_{cp}+N_{cT}+N_{cwp}+N_{kf}+N_{xf}+N_{fp}}$
2	空调系统供暖能效比 ER_{sh}	$ER_{sh}=\dfrac{Q_{hs}}{N_{ha}+0.322Q_{hsin}+N_{hw}+N_{hp}+N_{hwp}+N_{kf}+N_{xf}+N_{fp}}$
3	通风换气系统单位风量耗功率 w_{stf}	$w_{stf}=\dfrac{N_{tf}}{L_{tf}}$
4	照明及其他房间用电设备单位面积耗电量 w_{lof}	$w_{lof}=\dfrac{W_{lo}}{F}$
5	电梯系统单位面积耗电量 w_{dtf}	$w_{dtf}=\dfrac{W_{dt}}{F}$
6	卫生热水系统单位供暖水量耗能量 q_{ws}	$q_{ws}=\dfrac{Q_{hwin}+W_{wsp}}{V_{ws}}$
7	生活给水系统单位供水量耗电量 w_{gsp}	$w_{gsp}=\dfrac{W_{gsp}}{V_{gs}}$
8	其他形式空调系统单位面积年耗电量 w_{acy}	$w_{acy}=\dfrac{W_{acy}}{F_{ac}}$
9	其他用能系统单位面积耗能量 w_{qts}	$w_{qts}=\dfrac{W_{qts}}{F}$

续表

10	冷源系统能效比 ER_{cs}	$ER_{cs}=\dfrac{CL_c}{N_c+N_{cp}+N_{cT}}$（电动式） $ER_{cs}=\dfrac{CL_c}{0.322Q_{cin}+N_{cp}+N_{cT}}$（热力吸收式）
11	制冷主机制冷性能系数 COP	$COP_{ce}=\dfrac{CL_c}{N_c}$（电动式） $COP_{LiBr}=\dfrac{CL_c}{0.322Q_{cin}}$（热力吸收式）
12	冷却水系统单位耗功率制冷量 ER_{cp}	$ER_{cp}=\dfrac{CL_c}{N_{cp}+N_{cT}}$
13	冷却塔冷却效率 η_{CTi}	$\eta_{CTi}=\dfrac{t_{ctouti}-t_s}{t_{ctini}-t_s}$， $i=1\sim k_{ct}$
14	空调冷量输配系统能效比 ER_{ccs}	$ER_{ccs}=\dfrac{CL_c}{N_{cwp}+N_{kf}+N_{xf}+N_{fp}}$
15	冷冻水系统冷量输配能效比 ER_{cwp}	$ER_{cwp}=\dfrac{CL_c}{N_{cwp}}$
16	风系统冷量输配能效比 $ER_{a\,csc}$	$ER_{acsc}=\dfrac{CL_c}{N_{kf}+N_{xf}+N_{fp}}$
17	空调箱冷量输送能效比 ER_{acui}	$ER_{acui}=\dfrac{CL_{acui}}{N_{kfi}}$， $i=1\sim k_{kf}$
18	热源系统能效比 ER_{hs}	$ER_{hs}=\dfrac{Q_{hs}}{0.322Q_{hsin}}$（燃油或燃气锅炉或直燃机） $ER_{hs}=\dfrac{Q_{hs}}{N_{ha}}$（空气源热泵热源系统） $ER_{hs}=\dfrac{Q_{hs}}{N_{hw}+N_{hp}}$（水源热泵热源系统）

续表

19	制热主机热效率或制热性能系数	燃油（气）锅炉（或直燃机）的热效率（瞬时） $\eta_{hs}=\frac{Q_{hs}}{Q_{hsin}}$ 空气源热泵机组制热性能系数 $COP_{ha}=\frac{Q_{hs}}{N_{ha}}$ 水源热泵机组制热性能系数 $COP_{hw}=\frac{Q_{hs}}{N_{hw}}$
20	空调热量输配系统能效比 ER_{hss}	$ER_{hss}=\frac{Q_{hs}}{N_{hwp}+N_{kf}+N_{xf}+N_{fp}}$
21	空调热水系统的热量输配能效比 ER_{hwsp}	$ER_{hwsp}=\frac{Q_{hs}}{N_{hwp}}$
22	空调风系统的热量输配能效比 ER_{acsh}	$ER_{acsh}=\frac{Q_{hs}}{N_{kf}+N_{xf}+N_{fp}}$
23	空调箱热量输送能效比 ER_{achi}	$ER_{achi}=\frac{Q_{achi}}{N_{kfi}}$，　$i=1\sim k_{kf}$
24	风机单位风量耗功率 W_{sfi}	$W_{sfi}=\frac{N_{fi}}{L_{fi}}$
25	风机、水泵的工作全效率	$\eta_{pi}=\frac{V_{pi}H_{pi}}{367.08N_{pi}}$（水泵） $\eta_{fi}=\frac{P_{fi}L_{fi}}{3\,600N_{fi}}$（风机）
26	空调冷热水输配管道绝热效率 η_{wsjr}	$\eta_{wsjr}=1-\frac{2\lvert t_{wg}-t_{ein}\rvert}{\lvert t_{wg}-t_{wh}\rvert}\times100\%$
27	风系统管道绝热效率 η_{acsjr}	$\eta_{acsjr}=1-\frac{1.01\lvert t_{acout}-t_{eout}\rvert}{\lvert t_{acin}-t_{acout}\rvert}\times100\%$

表中 CL_c——集中冷源系统的制冷量，kW；

N_c——电动制冷机的总输入功率，kW；

Q_{cin}——吸收式制冷机单位时间总耗能量，kW；

N_{cp}——冷却水泵的总输入电功率，kW；

N_{cT}——冷却塔的总输入电功率，kW；

N_{cwp}——冷冻水循环泵的总输入电功率，kW；

N_{kf}——空调箱风机的总输入电功率，kW；

N_{xf}——新风机的总输入电功率，kW；

N_{fp}——风机盘管的总耗电功率，kW；

Q_{hs}——热源系统的总制热量，kW；

N_{ha}——空气源热泵机组总输入电功率，kW；

Q_{hsin}——锅炉（或直燃机）单位时间总耗能量，kW；

N_{hw}——水源热泵机组总输入电功率，kW；

N_{hp}——水源侧循环泵输入电功率，kW；

N_{hwp}——热水循环泵的总输入电功率，kW；

w_{stf}——通风换气系统单位风量耗功率，$kW/(m^3/h)$；

N_{tf}——通风换气系统风机的总输入电功率，kW；

L_{tf}——通风换气系统总风量，m^3/h；

w_{lof}——照明系统及其他房间用电设备单位面积耗电量，$kW \cdot h/m^2$；

W_{lo}——照明、办公及其他房间插座用电设备系统的累计耗电量，$kW \cdot h$；

F——建筑面积，m^2；

w_{dtf}——电梯系统单位面积耗电量，$kW \cdot h/m^2$；

W_{dt}——电梯系统的累计耗电量，kW·h；

q_{ws}——卫生热水系统单位供暖水量耗能量，kW·h/m^3；

Q_{hwin}——卫生热水锅炉累计总耗能量，kW·h；

W_{wsp}——卫生热水泵的累计耗电量，kW·h；

V_{ws}——卫生热水系统累计提供的卫生热水量，m^3；

w_{gsp}——生活给水系统单位供水量耗电量，kW·h/m^3；

W_{gsp}——生活给水泵的累计耗电量，kW·h；

V_{gs}——累计生活给水量，m^3；

w_{acy}——其他空调系统单位面积耗能量，kW·h/m^2；

W_{acy}——其他空调系统年累计耗电量，kW·h；

F_{ac}——其他空调系统服务面积，m^2。

w_{qts}——其他用能系统单位面积耗能量，kW·h/m^2；

W_{qts}——其他用能系统日累计耗能量，kW·h；

$t_{ctout i}$——冷却塔 i 的出口水温，°C；

$t_{ctin i}$——冷却塔 i 的进口水温，°C；

t_s——当地的湿球温度，°C；

k_{ct}——冷却塔的台数；

$ER_{acu i}$——空调箱 i 的冷量输配能效比；

$CL_{acu i}$——空调箱 i 输送的制冷量，kW；

$N_{kf i}$——空调箱 i 风机电机耗电功率，kW；

k_{kf}——空调箱的台数。

$Q_{ach i}$——空调箱 i 输送的热量，kW；

$N_{kf i}$——空调箱 i 的风机电机耗电功率，kW；

$W_{sf i}$——风机单位风量耗功率，W/(m^3/h)；

N_{fi}——风机的功率，W；
L_{fi}——风机的风量，m^3/h。
η_{pi}——水泵 i 的工作全效率，%；
V_{pi}——水泵 i 的工作流量，m^3/h；
H_{pi}——水泵 i 的工作扬程，mH_2O（$1mH_2O = 10^3 mmH_2O = 9.80665 \times 10^3$ Pa）；
N_{pi}——水泵 i 的功率，W；
η_{fi}——风机 i 的工作全效率，%；
P_{fi}——风机 i 的全压，Pa；
η_{wsjr}——空调冷（热）水输配管道系统的绝热效率，%；
t_{wg}——空调总供水温度，°C；
t_{ein}——最远空调末端换热设备的供水水温，°C；
t_{wh}——空调总回水温度，°C；
η_{acsjr}——风系统管道的绝热效率，%；
t_{acout}——空气处理机组的出风温度，°C；
t_{eout}——空气处理机组的平均送风温度，°C；
t_{acin}——空气处理机组的进风温度，°C；
t_{acout}——空气处理机组的送风温度，°C。

附录B 合同能源管理项目参考合同

<table>
<tr><td rowspan="8">委托方
（甲方）</td><td>单位名称</td><td colspan="3"></td></tr>
<tr><td>法定代表人</td><td></td><td>委托代理人</td><td></td></tr>
<tr><td>联系人</td><td colspan="3"></td></tr>
<tr><td>通讯地址</td><td colspan="3"></td></tr>
<tr><td>电话</td><td></td><td>传真</td><td></td></tr>
<tr><td>电子邮箱</td><td colspan="3"></td></tr>
<tr><td>开户银行</td><td colspan="3"></td></tr>
<tr><td>账号</td><td colspan="3"></td></tr>
<tr><td rowspan="8">受托方
（乙方）</td><td>单位名称</td><td colspan="3"></td></tr>
<tr><td>法定代表人</td><td></td><td>委托代理人</td><td></td></tr>
<tr><td>联系人</td><td colspan="3"></td></tr>
<tr><td>通讯地址</td><td colspan="3"></td></tr>
<tr><td>电话</td><td></td><td>传真</td><td></td></tr>
<tr><td>电子邮箱</td><td colspan="3"></td></tr>
<tr><td>开户银行</td><td colspan="3"></td></tr>
<tr><td>账号</td><td colspan="3"></td></tr>
</table>

本合同双方按“合同能源管理”模式就______________项目进行_________专项节能服务，并支付相应的节能服务费用。双方经过平等协商，在真实、充分地表达各自意愿的基础上，根据《中华人民共和国合同法》及其他相关法律法规的规定，达成如下协议，并由双方共同恪守。

第 1 节　术语和定义

双方确定：本合同及相关附件中所涉及的有关名词和技术术语，其定义和解释如下：

1.1　边界条件：项目实施涉及的设备、设施的范围和地理位置界限。

1.2　功能性完工：项目建设完成，功能性指标达到设计指标。

1.3　节能指标：量化评价项目节能效果的指标，如节能量、节能效率等。

1.4　不可抗力：自然灾害以及其他不可抗拒的客观情况。

……

第 2 节　节能服务内容及要求

2.1　甲方委托乙方进行节能服务的内容如下：

2.1.1　服务的目标：________________________________。

2.1.2　服务的内容：________________________________。

2.1.3　服务的方式：________________________________。

2. 2　乙方应按下列要求完成节能服务工作：

2.2.1　服务地点：__________________________________。

2.2.2　服务期限和进度：

1　本合同期限为________，自________始，至________。（根据附件一项目方案填写）

2　本项目的建设期为________，自________始，至________。

（根据附件一项目方案填写）

3　本项目的节能效益分享期为____，效益分享期的起始日为____。（根据附件一项目方案填写）

……

第3节　项目方案设计、实施和项目的验收

3.1　甲乙双方应按照本合同附件一所列项目方案文件的要求以及本合同的规定进行本项目的实施。

3.2　项目方案一经甲方批准，除非双方另行同意，或者依照本合同约定修改之外，不得修改。

3.3　乙方应当按照第2.2.2款规定的时间和项目方案的规定开始项目的建设、实施和运行。

3.4　甲乙双方应按照附件一中文件13的规定进行项目验收。

第4节　节能效益分享方式

【节能效益分享型合同】

4.1　效益分享期内项目节能指标为 ________,本合同签订时的能源价格为 ___________，以此预计的节能效益为 ______________ 。本条前述预计的指标可按照附件一中文件2规定的公式和方法予以调整。

4.2　效益分享期内，乙方分享______%的项目节能效益，预计分享节能 ____。

4.3　节能效益由甲方分期支付乙方,具体支付时间和金额如下：

4.3.1 ____。

……

4.4　甲方付款采取______方式。

4.5　实际节能指标未达到4.1条的指标时，按以下约定处理：

4.5.1　经双方达成一致意见或有权机构作出裁决后,由责任方承担效益降低的损失。甲方不得单方面停止支付乙方应得的节能效益。

……

【节能量保证型合同】

4.1　效益分享期内的节能量为______________________。

4.2　实际节能量达到4.1条的约定时，节能效益由甲方______(分期/一次性)支付乙方，具体支付时间和金额如下：

4.2.1 ____。

……

4.3　甲方付款采取 __________ 方式。

4.4　实际节能量未达到4.1条的节能量时，按以下约定处理：

4.4.1　因乙方原因未完成节能量目标,由乙方承担效益降低的损失。

4.4.2　因甲方原因未完成节能量目标,由甲方承担效益降低的损失。

……

【能源费用托管型合同】

4.1 效益分享期内的节能指标为____________________。

4.2 能源托管费用由甲方_____(分期/一次性)支付乙方，具体支付时间和金额如下：

4.2.1 ____。

……

4.3 甲方付款采取 __________ 方式。

4.4 实际节能指标未达到4.1条的指标时，按以下约定处理：

4.4.1 因乙方原因未完成节能目标，由乙方承担效益降低的损失。

4.4.2 因甲方原因未完成节能目标，由甲方承担效益降低的损失。

……

【融资租赁型合同】

4.1 效益分享期内项目节能量为 ________，本合同签订时的能源价格为 ___________，以此预计的节能效益为 _____________ 。

4.2 效益分享期内，乙方分享_____%的项目节能效益，预计分享节能 _______________。

4.3 节能效益由甲方分期支付乙方，具体支付时间和金额如下：

4.3.1 ____。

……

4.4　租赁费用由甲方支付给乙方，具体支付时间和金额如下

4.4.1____。

4.5　实际节能量未达到4.1条的节能量时，按以下约定处理：

4.5.1　经双方达成一致意见或有权机构作出裁决后，由责任方承担效益降低的损失。甲方不得单方面停止支付乙方应得的节能效益。

……

第5节　甲方的义务

除本合同规定的其他责任外，甲方还应履行以下________项义务：

5.1　提供技术资料：______________________________（时间及方式）。

5.2　提供工作条件：______________________________（时间及方式）。

5.3　指派具有资质的操作人员参加培训，人员资质要求为：____。

5.4　提供必要的资料，配合乙方开展节能量的验证______（时间及方式）。

5.5　对乙方提交的设计、施工方案在收到之日起_____日之内予以审核，并签发书面核准，逾期不签发视为已核准。如甲方认为乙方提交的设计、施工方案与合同不符或有明显错漏，

应在收到之日起____日内提出书面意见。

5.6 按约定条款验收项目,及时提供确认安装完成和试运行正常的验收文件。

5.7 根据操作规程和保养要求对设备进行操作、维护和保养。在合同有效期内，对设备运行、维修和保养定期做出记录并保存_____年。

5.8 为乙方维护、检测、修理项目设施和设备提供便利，保证乙方可合理地接触和本项目有关的设施和设备。

5.9 如设备发生故障、损坏和丢失，甲方应在得知此情况后__________个日内书面通知乙方，配合乙方对设备进行维修和监管。

5.10 甲方应保证现有设备的运行符合国家法律法规及政策规定。

第6节 乙方的义务

除本合同规定的其他责任外，乙方还应履行以下______项义务：

6.1 配合甲方开展节能量测量和验证____________（时间及方式）。

6.2 开工前____日内，将必要的设计、施工、培训等资料提交甲方予以确认。

6.3 在收到之日起____日内书面答复甲方对设计、施工方案的意见。

6.4 对甲方指派的操作人员进行培训：______________(培训目标、内容和费用)。

6.5 设备的安装和调试应符合国家、行业相关的技术标准规范要求。

6.6 承担项目移交甲方运行前的相关风险损失，但不包括由甲方造成的或甲方未尽到本合同规定的义务引起的损失。

6.7 定期派人检查项目的运行情况：____________________(时间及方式)。

6.8 在接到甲方关于项目运行故障的通知后，乙方应根据附件一的相关规定和要求，及时完成相关维修或设备更换。

6.9 其他：____。

第7节 项目的验收

7.1 双方确定以下列标准和方式对功能性完工进行验收：

7.1.1 乙方功能性完工的形式：______________________；

7.1.2 功能性完工的验收标准：______________________；

7.1.3 功能性完工的验收方法：______________________；

7.1.4 验收的时间、地点和人员：______________________；

7.2 项目未通过第一次验收，乙方可在________日内对项目进行整改并再次验收。

……

第 8 节　所有权

8.1　在本合同有效期满和甲方付清全部款项之前，项目下所有由乙方采购并安装的设备、设施等财产的所有权（简称财产所有权）属于乙方。甲方在本合同有效期满后______日内，按规定付清乙方应得全部款项之后，才有权取得项目的财产所有权。

8.2　甲方提前获得项目财产所有权应按照以下约定：
____。

8.3　项目的财产所有权由乙方移交给甲方时，应同时移交项目的技术资料。

8.4　甲方违约时，乙方仍享有项目财产所有权。

8.5　甲方保证对（附件一中文件 1 的边界条件）设备具有所有权或得到所有权人的授权。

8.6　甲方不得以形成附件为由主张乙方设备或设施的所有权。

第 9 节　违约责任

9.1　甲方未及时向乙方支付款项，根据以下方式支付滞纳金：______________________（支付方式和滞纳金的计算方法）。

9.2　甲方违反______________义务，乙方选择以下________项方式要求甲方承担违约责任。

1　顺延项目的安装调试期，并赔偿乙方的损失：____________(顺延时间，支付方式和赔偿额的计算方法)；

2　延长分享节能效益的时间：________________；

3　增加乙方的分享比例：__________________；

4　解除合同，要求甲方赔偿全部损失：________(支付方式和赔偿额的计算方法)；

5　赔偿乙方损失：（但总赔偿金额不得超过）（支付方式和赔偿额的计算方法）；

6　其他______________________________。

……

9.3　乙方安装设备完毕______日后达不到服务质量要求或违反________义务，甲方选择以下________方式要求乙方承担违约责任：

1　降低乙方的分享比例：____________________；

2　缩短乙方的分享时间：____________________；

3　解除合同，恢复原状：____________________；

4　赔偿甲方损失：（但总赔偿金额不得超过）（支付方式和赔偿额的计算方法）；

5　其他：______________________________。

……

9.4　一方违约后，另一方当事人应采取适当措施，防止损失的扩大，否则不能就扩大部分的损失要求赔偿。

第 10 节　合同的变更、解除和终止

10.1　任何一方对本合同如有修改、补充，应在各方协商

认可的前提下，另行签署书面补充协议。补充协议与本合同具有同等的法律效力。但有下列情形之一的，一方可以向另一方提出变更合同权利与义务的请求，另一方应当在____日内予以答复；逾期未予答复的，视为同意：

10.1.1 ____。

10.2 甲方欲提前解除合同应提前_____日书面通知乙方，并根据以下方式向乙方支付终止费和赔偿：________________（支付损失赔偿的计算方法和项目财产所有权归属）。

10.3 满足下列___________情形，乙方具有单独解除权，并按__________（支付损失赔偿额的计算方法）获得赔偿，合同解除后的项目所有权约定为_____________________：

10.3.1 ____。

……

10.4 双方书面协商一致的条件下可中止或解除合同。

第 11 节 合同下的权利、义务的转让

11.1 甲方在转让（附件一中文件 1 的边界条件）所列的设备及服务，应保证购买方承接本合同项下的权利和义务。如果购买方未按原合同与乙方重新签订合同，则乙方有权获得赔偿：________________（支付损失赔偿额的计算方法）。

11.2 甲方在转让本合同项下的义务之前，应书面征得乙方同意，在未征得乙方同意之前，甲方以任何形式转让或转移合同项下的义务都是无效的。

11.3　乙方在转让本合同项下的义务之前，应书面征得甲方同意，在未征得甲方同意之前，乙方以任何形式转让或转移合同项下的义务都是无效的。

第 12 节　侵权和赔偿

12.1　因乙方的故意或过失而导致甲方的任何财产损失或人身伤害，根据以下方式进行赔偿：______________（支付方式和赔偿额的计算方法）。

……

12.2　因甲方的故意或过失而导致乙方的任何财产损失或人身伤害，根据以下方式进行赔偿：______________（支付方式和赔偿额的计算方法）。

……

12.3　受损害或伤害的一方对损害或伤害的发生也有过错的，应当根据其过错程度承担相应的责任，并适当减轻造成损害或伤害一方的责任。

第 13 接　保密条款

双方确定因履行本合同应遵守的保密义务如下：

13.1　甲方保密义务：

13.1.1　保密内容（包括技术信息和经营信息）：________。

13.1.2　涉密人员范围：______________。

13.1.3　保密期限：________________。

13.1.4 泄密责任：________________________________。

13.2　乙方保密义务：

13.2.1　保密内容（包括技术信息和经营信息）：______。

13.2.2　涉密人员范围：__________________________。

13.2.3　保密期限：______________________________。

13.2.4　泄密责任：______________________________。

第 14 节　不可抗力

14.1　由于不可抗力致使不能履行本合同有关条款，应及时向对方通报有关情况，在取得有效证明之后，允许延期履行、部分履行或终止履行有关协议条款、终止合同。

14.2　由于不可抗力造成迟延或无法履行合同，双方不应承担违约或损害赔偿的责任。

第 15 节　争议的解决

15.1　因本合同的履行、解释、违约、终止、中止、效力等引起的任何争议、纠纷，本合同各方应友好协商解决。如在一方提出书面协商请求后 15 日内双方无法达成一致，双方同意选择以下第___种方式解决争议：

1. 调解/诉讼/仲裁

1)任何一方均可向__________（双方同意的第三方机构）或双方另行同意的第三方机构提出申请，由其作为独立的第三方就争议进行调查和调解，并出具调解协议，另一方应当在___

日内同意接受该调查和调解。双方应根据第三方机构的要求提供所有必要的数据、资料，并接受其实地调查。

2）如果双方无法对第三方机构的选择达成一致，或者在一方书面提起调解申请后的 45 日内无法达成调解协议，双方同意采取以下第___种方式最终解决争议：

a）向__________仲裁委员会申请仲裁；

b）向__________人民法院提起诉讼。

3）如果调解的被申请方不依照上述 1）段的规定接受调解，或者任何一方对达成的调解协议拒不执行，则无论依照 2）段选择的争议解决方式达成的结果如何，该拒绝接受调解或者拒绝履行调解协议的一方都应承担对方为解决争议所产生的所有费用，包括律师费、调解费以及仲裁费/诉讼费。

2. 诉讼/仲裁

双方同意不经由调解程序，直接采取以下第______种方式最终解决争议：

（1）向__________仲裁委员会申请仲裁；

（2）向__________人民法院提起诉讼。

第 16 节　保　险

16.1　双方约定按以下方式购买保险：

16.1.1　____。

……

16.2　双方协商避免重复投保。

第 17 节　知识产权

17.1　本合同涉及的专利实施许可和技术秘密许可，双方约定如下：

17.1.1 ____。

……

第 18 节　合同的生效及其他

18.1　项目联系人职责如下：

1）____。

……

18.2　一方变更项目联系人的，应在____日内以书面形式通知另一方，未及时通知并影响本合同履行或造成损失的，应承担相应的责任。

18.3　合同各方用电报、电传、电话、传真发送通知时，凡涉及各方权利、义务的，应随之以书面信件通过特快专递通知对方，本合同中所列的地址即为甲、乙双方的收件地址。

18.4　本合同的附件是属于本合同完整的一部分，附件部分内容如与合同正文不一致，优先使用合同正文条款。

18.5　本合同自双方授权代表签署之日起生效。合同文本一式____份，具有同等法律效力；双方各执____份。

18.6 本合同由双方授权代表于_____年_____月____日在________签订。

甲方（盖章）
授权代表签字：
通讯地址：
电话：
传真：
开户行：

乙方（盖章）
授权代表签字：
通讯地址：
电话：
传真：
开户行：

注：下划线中括号内容为提示性内容。

附件一　项目方案文件

1. 项目内容、边界条件、技术原理描述

2. 能耗基准、项目节能目标预测及能源价格波动及调整方式（调价公式和所涉及的物价指数及其发布机关）

3. 节能量测量和验证方案

4. 项目性能指标和安全检测认证书

5. 节能目标达标认证书

6. 培训计划（包括人员资质要求等）

7. 项目进度阶段表和节能量确认单

8. 技术标准和规范

9. 项目财产清单（设备、设施、辅助设备设施的名称、型号、购入时间、价格及质保期等）

10. 项目所需其他设备材料清单

11. 施工条件约定

12. 项目投资分担方案

13. 项目验收程序和标准

14. 设备操作规程和保养要求

15. 设备故障处理约定

……

本规程用词说明

1 为便于在执行本规程条文时区别对待，对要求严格程度不同的用词说明如下：

1）表示很严格，非这样做不可的：

正面词采用“必须”，反面词采用“严禁”；

2）表示严格，在正常情况下均应这样做的：

正面词采用“应”，反面词采用“不应”或“不得”；

3）表示允许稍有选择，在条件许可时首先应这样做的：

正面词采用“宜”，反面词采用“不宜”；

4）表示有选择，在一定条件下可以这样做的，采用“可”。

2 条文中指明按其他有关标准执行的写法为：“应符合……的规定”或“应按……执行”。

引用标准名录

1 《合同能源管理技术通则》GB/T 24915

2 《节能监测技术通则》GB/T 15316

3 《节能量测量和验证技术通则》GB/T 28750

4 《三相配电变压器能效限定值及能效等级》GB 20052

5 《空气调节系统经济运行》GB/T 17981

6 《公共建筑节能改造技术规范》JGJ 176

7 《建筑节能工程施工质量验收规范》GB 50411

8 《建筑电气工程施工质量验收规范》GB 50303

9 《通风与空调工程施工质量验收规范》GB 50243

10 《建筑给水排水及采暖工程施工质量验收规范》GB 50242

11 《通风与空调工程施工规范》GB 50738

12 《用能单位能源计量器具配备和管理通则》GB 17167

13 《能源管理体系要求》GB/T 233331

14 《四川省节约用电设计规范》DB51/T 1427

15 《International Performance Measurement and Verification Protocol:Concepts and Options for Determining Energy and Water Savings Volume 1》EVO 10000—1

四川省工程建设地方标准

建筑用能合同能源管理技术规程

DBJ51/T 034 - 2014

条 文 说 明

目　次

1 总 则

1.0.1 合同能源管理项目的实施对于建筑领域的可持续发展具有重要作用。建筑用能系统节能效果的评价对合同能源管理项目的成功实施起关键性的作用。然而对于建筑用能系统节能量认定的研究尚处于初期阶段，很多建筑领域的节能改造项目由于采取了不完善的评价方法，而对改造后的节能量认定不准确，对业主造成了很大的困惑。其中一个重要原因就是建筑领域缺失节能效果测量与认定的相关标准。本规程的编制，将填补建筑用能系统实施合同能源管理项目的节能量认定技术规程的空白，并且在一定程度上促进合同能源管理这一机制的快速发展。

1.0.2 本规程为四川省工程建设地方标准，适用于四川省内采用合同能源管理模式的建筑用能系统。

1.0.3 与合同能源管理相关的其他标准都应遵守执行，尤其是强制性条文。

3 基本规定

3.0.1 本规程适用于采用合同能源管理模式的既有民用建筑。

3.0.2 合同能源管理项目在提高建筑能源利用效率的同时有可能会影响室内环境质量，进而影响室内人员的健康及生产效率。合同能源管理项目在实施过程中应保证室内环境质量符合相关标准要求。同时需要将室内具体的环境质量要求在合同中予以明确。

3.0.3 根据建筑的能源用途不同进行分项采集，有利于针对不同用途的能源利用情况进行评价并提出对应的改进措施和建议，以提高建筑整体的能源利用率。为了保证采集数据的准确性，计量装置应经有资质的计量单位对其精度进行校定。

3.0.4 合同能源管理项目在对既有建筑用能系统进行节能改造时应尽量不影响建筑本身的使用功能。在节能改造前，建筑本身的使用状况应在合同中予以明确，以作为判断节能改造过程是否对建筑本身的使用功能有所影响的参考。

4 用能状况诊断、评价及节能方案设计

4.1 一般规定

4.1.1～4.1.3 建筑用能状况诊断的目的是判断用能系统提供的服务标准和能源利用系统的效率是否符合国家相关标准的规定，分析各用能系统或用能环节具有的节能潜力。建筑用能状况诊断的对象是直接用能的系统与设备，应根据具体项目确定诊断的系统或设备，并且需要确定合理的诊断范围。

4.1.4 本条给出了用能状况诊断所需的有关基础资料，主要包括建筑物及设备系统的资料、运行记录数据。应根据具体项目的诊断范围要求业主提供对应的资料，提供的资料应合理，以获得较准确的诊断结论。其中，竣工图纸应包括建筑、电气、暖通、给排水等专业的竣工图；需要提供技术资料的主要设备包括变压器，空调制冷机组，空调热泵机组、锅炉、直燃机等热源设或换热设备， 空调冷、热水循环泵和冷却水循环泵，空气处理机组，送、排风机，卫生热水热源机组、生活给水泵、卫生热水循环泵、中水供水泵，电梯，其他室内通用设备（如打印机、电脑、饮水机等）。运行管理数据包括主要耗能设备的启停及主要监测参数逐日记录表。

4.1.5 “单位面积耗能量”指建筑物一定时间内（通常可为1年）消耗的总能源量与总建筑面积的比值。当建筑物消耗的能源包含电、热、油、气等多种能源时，应按照国家有关标准将

各种能源折算成一次能源。当地其他相近功能及使用情况的建筑的单位面积耗能量统计指标，可作为初步判断目标建筑的能耗水平与节能潜力的依据。如果目标建筑的能耗水平明显高于统计平均值，则可初步判断其具有较大的节能潜力。

4.1.6 建筑设备系统直接产生建筑能耗。不同的建筑物，设备系统的配置会有较大的差异。附录A按照设备系统的功能和相互联系给出了比较详细的划分，并按照其输入能源与产出的关系或者运行过程中产生损耗的原理，给出较全面的指标。实际诊断时可根据需要与工程的具体条件加以选用。

4.2 照明及供配电系统用能诊断与评价

4.2.1 建筑主要场所的照度水平应符合使用需求。过高的照度值不仅耗能，对人的健康也不利。《建筑照明设计标准》GB 50034规定了各类场所的照明标准值。

4.2.2 光源的性质和照明功率密度值直接决定了人工照明能耗的高低。考虑到照明光源节能实施难度相对较低，本条要求对各类房间的光源情况进行统计，并计算照明功率密度值，以便进一步评价照明节能的潜力与经济性。《建筑照明设计标准》GB 50034规定了各类场所的照明功率密度值。

4.2.3 在光源配置确定的情况下，照明灯具的使用时间和控制方式直接决定其能耗。在计算各场所更换节能灯具可获得的节能量时，对照明灯具控制方式和使用时间掌握得越准确，计算结果就越准确。

4.2.4 供配电系统的节能途径主要是提高效率，减少各项损失。首先判断供配电线路和变压器本身的产品性能，其次通过测试负载率和功率因数，可量化分析得到供配电能耗损失的大小，从而指出节能潜力和可行的节能措施。

4.3 供暖系统用能诊断与评价

4.3.2 房间的空气热湿环境参数应保持在合理的范围，以保障使用者的健康、舒适和提高工作效率。超出一定的范围，不仅不能满足使用者的要求，还可能带来过高的能耗。由于建筑特别是大型建筑的房间功能种类多，且使用者不一，故本条提出对主要场所在典型使用状况下的空气参数进行测试和调查使用者的评价的要求。《民用建筑供暖通风与空气调节设计规范》GB 50736、《采暖通风与空气调节设计规范》GB 50019 等有关标准规定了各种房间的空气参数设计范围与新风量标准。

4.3.3 在获得较详细的建筑物实际情况和使用情况资料的条件下，全年动态计算获得的逐时负荷较为准确，与实际的供暖负荷状况进行对比，可以帮助判断供暖系统的实际负荷需求的合理性。鉴于建筑的实际情况和使用情况较为复杂，且全年动态计算专业技术水平要求较高，故本条用“宜”字提出。同时为保证负荷计算的精度，推荐选用以下商用模拟软件进行动态负荷计算：DeST、EngeryPlus 和 TRANSYS。

4.3.4 供暖系统能耗是建筑能耗的主要组成部分，其能效是节能诊断的重点内容。考虑到实际运行工况的复杂性，故本条要求测试典型运行工况。

4.3.5 国家关于各种锅炉、热泵机组、换热机组等设备的现行能效限定值及能源效率等级的有关标准，提出了对这些设备产品本身的节能性的要求。对上述设备的运行能源效率与节能产品标准值的对比，可以评价实际运行效率的高低及其节能潜力。

4.4 空调通风系统用能诊断与评价

4.4.2 ~ 4.4.4 参考4.3.2 ~ 4.3.4。

4.4.5 国家关于各种冷水机组、水泵、风机等设备的现行能效限定值及能源效率等级的有关标准，提出了对这些设备产品本身的节能性的要求。对上述设备的运行能源效率与节能产品标准值的对比，可以评价实际运行效率的高低及其节能潜力。

4.4.6 在四川地区，空调冷源系统的能耗在公共建筑能耗中占比大，是节能的重点。《公共建筑节能改造技术规范》JGJ 176、《空气调节系统经济运行》GB/T 17981规定了空调冷源系统及冷量输配系统的能效值。

4.5 室内设备用能诊断与评价

4.5.1 ~ 4.5.2 室内设备应包括满足建筑一般功能性要求的设备，通常为从插座取电的各类设备，如计算机、打印机、饮水机、电冰箱、电视机和台灯等。根据统计，这类设备的用电量也是建筑能耗的重要组成部分。室内用电设备通常没有单独的能耗计量，故可以通过掌握的设备种类、数量、功率及其使用规律计算年耗电量，也可按照分项拆分的方法进行估算。

4.5.3～4.5.5 各种设备用电设备，一般都有国家现行的相关设备能效标准。这类设备的耗电量，主要由设备的使用时间和设备功率决定。节能的途径一是设备具有高能效值，二是合理地控制与管理其使用时间，避免不必要的开机浪费。

4.5.6 实际使用中，建筑室内各种设备待机时的耗电量不容忽视，且实施节能的技术难度不大。

4.6 建筑用水及给排水系统用能诊断与评价

4.6.1 水也是宝贵的资源。供给建筑物的用水的处理、输送也消耗了大量的能源。故节水也有重要的节约资源、能源的意义。根据实际情况，用水量与建筑物的使用情况密切相关，为避免过于复杂，要求结合建筑物的使用情况，逐月统计分析建筑用水量的情况。《建筑给水排水设计规范》GB 50015 给出了各类建筑的用水量定额标准，可供计算分析使用。

4.7 综合服务系统用能诊断与评价

4.7.1 综合服务系统主要指电梯、热水加热系统等公共服务设施。这类设施往往也没有独立的能耗计量，故可采用分项拆分的方法加以估算，并结合建筑的实际使用情况，与类似建筑进行横向比较以判断其用能合理性和节能潜力。

4.8 节能方案设计

4.8.1 节能方案应技术可行、经济性好，且便于实施。大量工程实际情况表明，运行管理过程具有很大的节能潜力，故本条强调首先应通过运行调试等方法，充分发挥现有系统的性能，以实现“无成本”或“低成本”的节能，然后再考虑对节能潜力大的设备系统进行节能改造的方案。

4.8.2 《公共建筑节能改造技术规范》JGJ 176 给出了用能系统的节能改造方案的相关规定。

5　合同能源管理项目的实施

5.1　一般规定

5.1.1　合同能源管理项目的施工及验收应执行的国家规范有:《建筑节能工程施工质量验收规范》GB 50411、《建筑电气工程施工质量验收规范》GB 50303、《通风与空调工程施工质量验收规范》GB 50243、《建筑给水排水及采暖工程施工质量验收规范》GB 50242 和《建筑电气照明装置施工与验收规范》GB 50617 等。

5.1.2～5.1.4　规定了照明供及配电系统的施工、供暖系统、空调通风系统、室内设备和综合服务系统的施工应遵循的原则。

5.2　能源合同的编制

5.2.1　能源合同的类型有五种，常用的有节能效益分享型、节能量保证型和能源费用托管型三种。

5.2.2　能源合同的编制应遵循的国家法律、法规。

5.2.3　规定了能源合同的主要内容。

5.2.4　规定了能源合同中项目内容应考虑的因素。

5.2.5　规定了节能效益分享型应包括的内容。

5.3 项目的施工

5.3.1 图纸会审的目的是为了熟悉设计图纸，了解工程特点和设计意图，找出需要解决的技术难题，并制定解决方案，解决图纸中存在的问题，减少图纸的差错，将图纸中的质量隐患消灭在萌芽之中。

5.3.2 施工技术方案的编制应具有项目的适应性和针对性。

5.3.3 节能施工改造必须是在全部掌握了被改造建筑物的各个系统相关信息的基础上进行。

5.3.4 原材料及设备开箱检查及验收是确保施工质量的重要环节。

5.3.5 建筑设备的节能与设备的工作状态与操作人员的水平息息相关。

6　节能量认定

6.1　一般规定

6.1.1　节能量的认定是合同能源管理项目顺利实施的保证，也是业主和节能服务公司公平合理地分享节能效益的前提，其认定过程必须公正和合理。

6.1.2　为了保证能够科学合理地进行节能量的认定，节能量认定必须交予国家或地方认可的测评机构。

6.1.3　节能认定方案的选择是节能量准确认定的前提，需要结合项目的实际情况和各方案的适用范围来优选出适用于该项目的节能量认定方案。同时，节能量方案的选择应进行技术经济性分析。

6.1.5　节能量的认定宜遵循基本的认定流程以保证节能量的准确性和科学性。

6.1.6　建筑用能系统的节能监测主要包括综合节能监测和单项节能监测。应根据项目的实际情况和所选择的节能认定方案来决定采取综合节能监测或单项节能监测。单项节能监测在确定需要监测的主要参数时应考虑技术经济性。

6.2　节能量的计算

6.2.1　为保证节能量认定的准确性，所搜集的能耗数据资料应完整，并且是系统实际运行数据。

6.2.2 对于每月计费时间不统一的能耗账单应对时间进行修正以获得实际月的能耗。

6.2.5 供暖系统与空调通风系统的能耗受气候影响较大，不可采用典型周的能耗推算其全年能耗。

6.2.6 对供暖系统和空调通风系统进行节能监测时，应根据设备的种类进行分类。

6.2.7 调整量是由于测量基期能耗和统计报告期能耗时两者的非节能措施因素不同造成的。非节能措施因素与节能措施无关，却会影响建筑的能耗。常见的非节能措施因素有时间因素、面积因素、气候因素和围护结构因素等。为了公正科学地评价节能措施的节能效果，应把项目实施前后的能耗量放到同等条件下考察，而将这些非节能措施因素造成的影响作为调整量。同等条件指一套标准的条件或工况，可以使项目实施前的工况，也可以是项目实施后的工况。通常把项目实施后的工况作为标准工况，即将项目实施前的能耗调整到项目实施后的工况下对应的能耗。

6.3 照明及供配电系统节能量监测与认定

6.3.1 照明系统节能量认定之前应对该照明系统的灯具类型、数量、照明时间和控制方式等方面进行详细了解，并以此为基础确定基期能耗和标准工况。

6.3.2 照明系统的能耗统计宜针对不同功能分区单独进行统计。分区可根据功能分为大厅区域、办公区域、走廊区域以及其他公共区域。

6.3.3 当正常运行的照明灯具的数量出现大的变化时，会影响照明系统的能耗统计，所以在项目实施期内应定期确认正常运行的照明灯具的数量。

6.3.4 隔离测量方案，是将被改造的系统或者设备的能耗与建筑其他部分的能耗隔离开，设定一个测量边界，然后用仪表或其他测量装置分别测量改造前后该系统或设备与能耗相关的关键参数，并估算关键参数以外的其他参数，以计算得到改造前后的能耗从而确定节能量。所谓关键参数是指对节能量影响较大的参数以及对评价节能服务公司成果很重要的参数。关键参数以外的其他参数估算时可以根据历史数据、设备技术资料或工程经验，同时应记录估算值的来源并分析它们对节能量的影响程度。

6.3.5 照明系统进行节能改造的常用方式是更换节能灯具。更换节能灯具后，照明时间有时会发生变化。此时，照明系统的节能量受到更换节能灯具和照明时间变化的共同影响。因此，当需要确认单独更换节能灯具所产生的节能量时，需要注意节能灯具更换前后的照明时间是否发生变化。当照明时间发生变化时，需计算该时间因素对应的调整量，以消除该时间变化对更换节能灯具所产生的节能量的影响。

6.3.6 供配电系统的能耗因子是计算其耗电量的重要参数。供配电系统主要包括供配电线路和变压器两个部分。供配电线路的主要能耗因子包括线路电阻率、线路长度、线路截面、电压、载荷和功率因数等。变压器的主要能耗因子包括空载损耗、短路损耗、额定容量、有功载荷和功率因数等。

6.4 供暖系统节能量监测与认定

6.4.2～6.4.3 根据供暖系统采用的热源形式，分别给出了适用的节能量监测方法。

6.4.4 由于供暖系统的能耗受气候因素的影响比较大，而节能改造前后的气候条件往往会发生变化，这就需要考虑气候因素对能耗的影响并对其进行调整。度日数法考虑了空气干球温度的影响，将其用于供暖能耗的修正具有较高的精度，故常采用度日数法对供暖系统的能耗进行修正。其中，度日数指一年中，当某天室外日平均温度低于 18 °C 时，将该日平均温度与 18 的差值乘以 1 天，并将此乘积累加，得到一年的采暖度日数。

6.5 空调通风系统节能量监测与认定

6.5.2～6.5.5 针对空调通风系统的主要耗能设备，分别给出了适用的节能量监测方法。

6.5.6 空调通风系统的总能耗由供暖工况的能耗和供冷工况的能耗组成。供暖工况能耗的修正可参照供暖系统能耗的修正，即采用度日数法。而供冷工况中的供冷负荷不仅包括显热负荷，还包括潜热负荷，尤其对于某些高温高湿地区，潜热负荷占有较大的比例。因此，需要采用兼顾温度和湿度的焓时数法来修正供冷工况能耗。其中，焓时数指基准比焓与室外逐时比焓之差与时间的累积之和。

6.6 室内设备节能量监测与认定

6.6.2 实际使用中发现，建筑室内各种设备待机时的耗电量不容忽视，故计算设备的全年耗电量时应考虑待机时的耗电量。可通过统计室内设备的数量、开机功率、开机时间、待机功率和待机时间，分别计算得到。

6.7 建筑用水及给排水系统节能量监测与认定

6.7.2 所搜集的目标建筑的用水量最好为逐月用水量。

6.8 综合服务系统节能量监测与认定

6.8.1 电梯系统属于动力系统，一般配有独立的变配电支路。电梯系统包括曳引式电梯、自动扶梯和或自动人行道三种常见形式。